浙西
ZHEXI SHUCAI GUAGUO ZAIPEILI
蔬菜瓜果栽培历

浙江省衢州市柯城区
农业农村局蔬菜技术推广中心 编

中国农业科学技术出版社

图书在版编目(CIP)数据

浙西蔬菜瓜果栽培历/浙江省衢州市柯城区农业农村局蔬菜技术推广中心编. —北京:中国农业科学技术出版社,2019.5

ISBN 978-7-5116-4198-4

Ⅰ.①浙… Ⅱ.①浙… Ⅲ.①蔬菜园艺 ②瓜果园艺 Ⅳ.①S6

中国版本图书馆CIP数据核字(2019)第092027号

责任编辑　闫庆健　王思文
文字加工　宋家祥
责任校对　李向荣

出 版 者　中国农业科学技术出版社
　　　　　北京市中关村南大街12号　邮编:100081
电　　话　(010)82106625(编辑室)(010)82109704(发行部)
传　　真　(010)82106625
网　　址　http://www.castp.cn
经 销 者　各地新华书店
印 刷 者　北京建宏印刷有限公司
开　　本　787mm×1092mm　1/32
印　　张　3
字　　数　60千字
版　　次　2019年5月第1版　2019年5月第1次印刷
定　　价　19.00元

编写人员

主　　编　何润云

副 主 编　周佳燕　李海定　毛　芳　罗淑红

编写人员　何润云　周佳燕　李海定　毛　芳

　　　　　　罗淑红　王　卉　周云翔　陈晓贞

　　　　　　朱新春　汪飞燕　肖望鹏　郑　强

主编简介

何润云

1971年11月生

中国农业大学农业推广与创新管理专业毕业

推广研究员

衢州市柯城区农业农村局蔬菜技术推广中心主任

浙江省蔬菜瓜果产业协会会员、浙江省女科技工作者协会常务理事

长期从事蔬菜瓜果技术研究与推广工作

主持制订《无公害蔬菜系列标准》《中高海拔茄子栽培技术规程》等
衢州市农业地方标准

主编和参与编撰出版著作8部，其中主编农民培训书4部

全国三八红旗手、全国优秀科技工作者、享受国务院政府特殊津贴

百村引智新品种

BAI CUN YIN ZHI XIN PIN ZHONG

▲ 2013 年百村引智新品种
"米格 29" 番茄

▲ 2015 年百村引智新品种
"博新 12-1" 黄瓜

▲ 2014 年百村引智新品种
"华冠" 青梗菜

▲ 2016 年百村引智新品种
"日本全能"菠菜

百村引智新品种

BAI CUN YIN ZHI XIN PIN ZHONG

▲ 2017 年百村引智新品种
"宜兴紫长"茄子

▲ 2018 年百村引智新品种
"美绿 56"甘蓝

▲ "美绿56" 甘蓝示范基地　　　　▲ "米格29" 番茄示范基地

▲ "宜兴紫长" 茄子示范基地　　　　▲ "华冠" 青梗菜示范基地

▲ "博新12-1" 黄瓜示范基地

前　言

　　衢州，地处浙江西部、钱塘江源头、金衢盆地西端，南接福建省，西连江西省，北邻安徽省，衢江之畔，素有"四省通衢"之称。地理位置位于东经118度、北纬28度，属亚热带季风气候区，有四季分明、冬夏长春秋短、光温充足、降水丰沛而季节分配不均的地带性特征。

　　本书立足农民种菜需求，面向基层农技人员和广大菜农，根据浙西的地势、气候、雨水、土壤条件以及实施百村引智项目的实际情况，整理编制了本栽培历。本书共分三章，着重阐述了浙西地区主要蔬菜瓜果的栽培时间、栽培方法、收获季节、蔬菜分月栽培管理要点、实施百村引智项目引进的蔬菜瓜果品种介绍等内容。

　　本书由衢州市柯城区农业农村局蔬菜技术推广中心组编，书中文字简练，通俗易懂，编者通过文字表格形式，按照月份普及了深入田间地头的实践与调研、"百村引智"项目引进推广的蔬菜瓜果品种、浙江省种业博览会等蔬菜新品种新技术，具有较强的实践性、可操作性和指导性。同时引用了国内外同行的相关文献资料，把成功的经验奉献给广大读者朋友，希望本书能为农民增效和助力乡村振兴起到积极的作用。

本书的编写和出版，得到了省、市、区相关单位和同行专家的大力支持与指导，在此一并致以衷心感谢！

　　由于编写时间紧凑，编者水平能力有限，书中难免存在不足和错漏之处，有待进一步修订完善，恳请广大读者批评指正。

编　者

2019 年 5 月

第一章 主要蔬菜瓜果栽培历

第二章 蔬菜分月栽培管理要点

第三章　实施百村引智项目引进的品种介绍

第一章　主要蔬菜瓜果栽培历

表1-1　主要蔬菜瓜果栽培历（1月）

种类	品种名称	种植方式（平地/设施/山地）	播种方式（直播/育苗）	亩用种量（克）	播种期（旬）	苗龄（天）	栽培密度（株/亩*）	收获期（月/旬）	产量（千克/亩）
小西瓜	苏梦5号、早春红玉、拿比特	设施	电加热育苗	50	中、下	40~50	300~400	5/上—11/上	6 000~7 500
黄瓜	博新5-1、亮优H20、亮优H08、津优1号、津优41号	设施	育苗	100~120	中、下	30~40	1 600~2 000	4/上—6/中	5 000
西葫芦	圆南1号、早青一号、翠玉、早葫一号、百盛	设施	小拱育苗	100~150	上、中	30	1 800~2 000	4/上—5/中	3 000~5 500
苋菜	金品花红苋菜、一点红	设施	直播	500	上、中	撒播	可与丝瓜套种	3/下—4/中	1 500
辣椒	特早长大、辣香4号、玉龙椒、衢椒1号、绿剑12、采风11号、辣香2号、辣香8号、湘研15、优胜8号、37-94（螺丝椒）、37-93（羊角椒）	平地	小拱育苗	30~50	下	60~70	1 800~2 000	5/下—10/下	1 700~3 200
春萝卜	白玉春、白春2号、浙萝6号	设施	直播	65~200	上、中、下		4 000~6 000	3/下—4/中	3 000~5 000

*：1亩≈667平方米（m²），15亩=1公顷（hm²）。全书同

（续表）

种类	品种名称	种植方式（平地/设施/山地）	播种方式（直播/育苗）	亩用种量（克）	播种期（旬）	苗龄（天）	栽培密度（株/亩）	收获期（月/旬）	产量（千克/亩）
白菜	华冠、冬青、蚕白菜、杭绿5号、金盛219	平地	直播	500~1000	中、下		撒播	3/中—4/下	1000
甜瓜	越蒲1号、浙蒲4号、玉农早魁、匀棒、超级早生、浙蒲9号	设施	育苗	200	上	40~45	1000~2000	4/下—6/上	2500~4000
马铃薯	中薯3号、克新4号、中薯5号、东农303、兴佳2号	平地	直播	150000~200000	下	50	6000	5/上—5/下	1000~1800
大白菜	早熟8号、菊锦、春大将、浙江6号、新科娃一号	设施	育苗	20~25	上、中、下	45~50	3000~3500	4/底—5/下	2500~3000
西瓜	蜜童、早佳8424、浙蜜5号	设施	育苗	30~50	下	40	250~300	5/中—11/上	6000
鲜食玉米	美玉加、华珍、浙凤甜2号、金玉甜1号、玉农晶糯、玉农花彩糯七号、万甜2000、浙甜2018	设施	育苗	700~1000	中、下	30	3000	5/中下	1000
白黄瓜	地方品种、永荣	设施	育苗	150	下	25	2000~2200	4/中—6/上	4000

表1-2　主要蔬菜瓜果栽培历（2月）

种类	品种名称	种植方式（平地/设施/山地）	播种方式（直播/育苗）	亩用种量（克）	播种期（旬）	苗龄（天）	栽培密度（株/亩）	收获期（月/旬）	产量（千克/亩）
丝瓜	衢丝一号、五叶香、三比2号、江蔬3号、江蔬1号、超市比九	设施	育苗	150~200	上、中	40	1 000~1 200	5/上~9/中	4 000
黄瓜	博新5-1、津优1号、津优41、浙秀1号、亮丰1号、亮优H20、亮优H08、津绿53	设施	育苗	100~120	上	35	1 600~2 000	3/下~6/中	5 000
黄瓜	博新12-1、津优1号	平地	育苗	100~120	下	30	1 600~2 000	5/上中~6/下	5 000
西葫芦	早春一号、圆葫1号、百盛	设施	营养钵育苗	100	上		1 800~2 000	4/中~6/上	5 000
丝瓜	衢丝一号、春丝瓜一号、早香丝瓜、三比2号、春丝2号	平地（小拱棚）	营养钵育苗	150~200	下	30~40	750~1 000	6/上~9/下	3 500~4 000

（续表）

种类	品种名称	种植方式（平地/设施/山地）	播种方式（直播/育苗）	亩用种量（克）	播种期（旬）	苗龄（天）	栽培密度（株/亩）	收获期（月/旬）	产量（千克/亩）
甜瓜	匀棒、浙蒲6号、超级早生、浙蒲9号	设施	育苗	200	上、中	35	1 800~2 000	5/上~6/中	3 500~4 000
冬瓜	青皮种、白皮种	平地	育苗	100	下	40	500~600	5/下~10/下	4 000~4 500
南瓜	锦栗、东升、翠栗1号、华栗	设施	育苗	150	中、下	30~40	1 000~1 200	6/中~7/下	2 000~3 000
西瓜	早佳8424	设施	育苗	30~50	上、中	25~30	250~270	5/中~11/上	6 000
茼蒿	春茼蒿	平地	直播	1 500	中、下		撒播	4/~5/上	1 000
白菜	四月慢、四月白、蚕白菜、五月慢	平地	育苗	100	上、中、下	35	8 000~10 000	4/中~5/中	2 500~3 000
白菜	四月白、蚕白菜、江山桃花白、四季青	平地	直播	1 000	上、中、下	/	撒播	4/中、下	2 000

（续表）

种类	品种名称	种植方式（平地/设施/山地）	播种方式（直播/育苗）	亩用种量（克）	播种期（旬）	苗龄（天）	栽培密度（株/亩）	收获期（月/旬）	产量（千克/亩）
菠菜	日本大叶种、全能菠菜	平地	直播	3 000	上、中、下		撒播	4/中~5/上	1 250
苋菜	江西苋菜	平地	直播	500~750	中、下		撒播	4/中~5/上	700
芹菜	津南实1号	山地500米以上	育苗	1 000	下	55	38 000~40 000	6/上~6/下	3 500~5 000
蕹菜	本地圆叶、泰国柳叶空心菜	平地	育苗	2 000~2 500	上、中	40	6 000	5/上~8/下	2 500~4 000
落葵	大叶木耳菜	设施	直播	4 000	上、中、下	/	/	6/上~7/中	3 000~3 500
毛豆	日本青、浙农6号、春丰早、引豆9701、沪宁95-1	平地	地膜育苗	8 000~12 000	下	30	8 000~10 000	5/下~6/中	500
春萝卜	白玉春	平地	直播	100	上、中		4 000	5/上、中	4 500
芋艿	红芽芋、紫杆白芋	平地	球茎直播	120 000~150 000	下		2 000	8/中~10/中	1 000~3 000
黄樱椒	黄樱椒	设施	育苗	50	上、中	60	2 000	5/下~7/上	1 000

表1-3 主要蔬菜瓜果栽培历（3月）

种类	品种名称	种植方式（平地/设施/山地）	播种方式（直播/育苗）	亩用种量（克）	播种期（旬）	苗龄（天）	栽培密度（株/亩）	收获期（月/旬）	产量（千克/亩）
豇豆	特早30、之豇28-2、蔬豇一点红、泰国豇皇、玉皇16-1、农望新杂6号	平地	育苗或直播	1 500	上、中、下	25	2 500~3 000	5/下~7/上	2 000~3 000
四季豆	红花白荚	平地	育苗	2 500	上、中、下	25	3 000	5/上~6/中	2 000
毛豆	浙农6号、引豆9701、95-1、五月拔、台75	平地	地膜育苗	4 000~6 000	上、中、下	15~20	5 000~5 500	6/中~7/上	700
苦瓜	碧绿、翠妃、特大长苦瓜	平地	地膜育苗	150	中、下	30	500~700	6/中~9/下	3 500~4 000
冬瓜	白皮冬瓜	平地	营养钵育苗	20	上		25	6/上~9/下	6 000
南瓜	锦栗、翠栗2号、湖栗1号、蜜本南瓜	平地	育苗	130	下	25~30	1 000~1 200	6/中~7/下	2 000~3 000
丝瓜	五叶香丝瓜、春丝2号、三比2号、衢丝一号	平地	育苗	150	上、中	40	750~1 000	6/中~10/上	3 500~4 000

（续表）

种类	品种名称	种植方式（平地/设施/山地）	播种方式（直播/育苗）	亩用种量（克）	播种期（旬）	苗龄（天）	栽培密度（株/亩）	收获期（月/旬）	产量（千克/亩）
辣椒	农望特早长尖、玉龙椒、东方神剑、绿剑12、辛香4、辛香26、本地品种	山地	育苗	50	上、中、下	35	2 000	5/上~8/下	3 000~3 500
茄子	浙茄3号、引茄1号、杭茄2010、先锋长茄、浙茄8号	山地	育苗	30~40	下	60	1 600~1 800	7/中~10/中	3 000~5 000
白菜	四月慢、四季青	平地	直播	500~750	上、中、下		撒播	4/中~5/中	1 500~2 000
甘蓝	强力50、京丰1号、晚春、春甘103	平地	育苗	30~50	中、下	30	3 000	5/下~10/上	2 500
茼蒿	上海细叶	平地	直播	2 000	中、下		撒播	5/上	750
苋菜	利丰青苋、一点红	平地	直播	700~1 000	下		撒播	5/中~5/下	1 000
芥菜	细叶雪里蕻	平地	直播	1 000	中		20 000	5/上	1 500
芫荽	四季香菜、耐热210香菜	平地	直播	5 000	上、中、下	/	/	5/上~6/中	1 000
萝卜	杨梅萝卜、浙萝6号	平地	直播	100~200	上、中		6 000~10 000	5/中~5/下	5 000
葱	小葱	平地	育苗	1 000	上	80	35 000	6/上~6/下	1 800

（续表）

种类	品种名称	种植方式（平地/设施/山地）	播种方式（直播/育苗）	亩用种量（克）	播种期（旬）	苗龄（天）	栽培密度（株/亩）	收获期（月/旬）	产量（千克/亩）
韭菜	雪韭	平地	育苗	750	上、中、下	180	4000		1000收韭芽
韭菜	绍韭	平地	育苗	750	上、中、下	180	4000	周年供应	2500收青韭
芋艿	白硬芋艿	平地	穴播	125000	下		3000	8/上~10/下	1500
芋艿	红硬芋艿	平地	穴播	125000	下		4500	9/上~11/上	1500
菜用甜玉米	广甜3号、浙甜2018、华珍	平地	育苗	500	中、下	30	4000	6/下~7/上	1200~1500
菜用糯玉米	白玉糯、美玉8号、浙凤糯2号、玉农晶糯	平地	育苗	500	中、下	30	4000	6/上~7/上	1200
小辣椒	龙游小辣椒	平地	育苗	25	上、中	30~35	2200	6/上~9/下	750
小黄瓜	贵妃336、碧翠19、白精灵2号	平地	育苗	100	中、下	25~30	2000~2200	5/中~7/上	4000
白辣椒	地方品种、衢椒一号	平地	育苗	25	上、中	40~45	2200	6/中~10/中	1500~2000
白黄瓜	地方品种	平地	育苗	150	中、下	25	2000~2200	5/中~7/上	3000
志棠白莲	地方品种	水田	块茎移栽	120000~150000	下		120~150	7/上~10/上	干莲子100

表1-4　主要蔬菜瓜果栽培历（4月）

种类	品种名称	种植方式（平地/设施/山地）	播种方式（直播/育苗）	亩用种量（克）	播种期（旬）	苗龄（天）	栽培密度（株/亩）	收获期（月/旬）	产量（千克/亩）
番茄	浙杂203、浙粉202、石头番茄、浙粉702、越夏	山地(500米以上)	育苗	30~40	上、中、下	50	1 600~2 000	7/下~10/中	3 500~5 000
辣椒	宁椒5号、辛香4号、辛香27、东方神剑、湘研15、采风1号、辛香26	山地	育苗	40~50	上、中、下	40~50	2 000	7/中~10/中	2 000~3 000
黄瓜	博新12-1、津优41、胜优、津优1号、津联1号、亮优MB15、亮优M161	山地	育苗	100~150	中、下	38	1 800~2 000	7/上~10/中	3 000~5 000
萝卜	新白玉春	山地	直播	进口65	中、下	/	10 000	7/上~7/中	2 000~3 000
萝卜	杨梅萝卜、短叶13	平地	直播	2 000	上、中、下	/	10 000	5/下~6/中	1 500~2 000
南瓜	锦栗、碧玉春、杰丰1号	山地	育苗	75~100	中、下	45	1 000	7/中~9/下	2 000~2 500
西瓜	西农8号、早佳8424、玉农冰糖麒麟	山地	育苗	100	中、下	30~40	450	7/中~8/下	2 500~3 000
甜瓜	匀蜜、浙甜6号	山地	育苗	200	下	35	2 000	7/中~9/上	3 000~4 000

（续表）

种类	品种名称	种植方式（平地/设施/山地）	播种方式（直播/育苗）	亩用种量（克）	播种期（旬）	苗龄（天）	栽培密度（株/亩）	收获期（月/旬）	产量（千克/亩）
藕	本地种、无花小白脸	平地	扦插繁殖	200 000	上、中	/	600	7/上~11/下	2 000
双季茭白	浙茭911	平地	育苗		上、中	/	1 200~1 600	5/中~7/上	1 500~2 000
茭白	象牙茭	山地	育苗		中、下		1 800	8/下~9/下	1 000
白菜	四季青、绿秀、早熟8号、三叶白菜	平地	直播	700	上、中、下		撒播	5/上~6/上	1 000~1 500
苋菜	一点红、青苋菜	平地	直播	700~1 500	上、中、下	/	撒播	5/中~6/上	1 000~1 500
蕹菜	大叶空心菜、柳叶空心菜	平地	育苗	2 500	上、中、下	20	18 000	6/中~10/下	2 500
芥菜	细叶雪里蕻	平地	直播	1 000	上、中、下		40 000	5/下~6/中	1 500
芹菜	黄苗实芹、黄金芹	山地	育苗	200	上、中、下	30	35 000	7/下	3 000
落葵	青丰大叶木耳菜	平地	直播	6 000	上、中、下		撒播	5/下~8/下	1 500
生菜	美国大速生、结球生菜、意大利生菜	平地	育苗	25	中、下	30	5 000	6/上~6/下	1 000

（续表）

种类	品种名称	种植方式（平地／设施／山地）	播种方式（直播／育苗）	苗用种量（克）	播种期（旬）	苗龄（天）	栽培密度（株／亩）	收获期（月／旬）	产量（千克／亩）
芋艿	红花芋、白梗芋艿	平地	穴播	120 000～125 000	上、中、下	／	3 000	8/上～10/下	1 500
生姜	蟹姜、本地姜	山地	穴播	200 000	中、下	／	3 000～4 000	9/上～10/下	1 500～2 000
姜葽	四季香菜、耐热210香菜	平地	直播	5 000	上、中	／	／	5/中～7/上	1 000
葱	小葱	平地	育苗	1 000	上、中、下	40	30 000	6/中～7/上	1 300
韭菜	雪韭	平地	育苗	750	下	150	4 000	周年供应	1 000收韭芽
紫苏	本土种	平地	育苗	700	上、中、下		8 000	6/上～9/下	4 500
扁豆	早生扁豆	平地	直播	3 500	上、中、下	／	1 900～2 200	7/中～10/下	1 500～2 500
豇豆	高产四号、高产八号、泰国豇皇、农望新杂六号、玉农早发15-2	平地	直播	2 000～2 500	中、下		3 500	6/下～8/上	1 800
芡实、白莲	地方品种	平地水田	块茎移栽	120 000～150 000	上		120～150	7/上～10/上	干莲子100

表1-5 主要蔬菜瓜果栽培历（5月）

种类	品种名称	种植方式（平地/设施/山地）	播种方式（直播/育苗）	亩用种量（克）	播种期（旬）	苗龄（天）	栽培密度（株/亩）	收获期（月/旬）	产量（千克/亩）
四季豆	红花白荚、浙芸系列	山地650米以上	直播	2 500~3 000	中、下	/	3 000~3 500	7/中—8/中	1 500~2 000
白菜	四季青、早熟5号、三叶白、华冠、水白菜	设施	直播	1 000	上、中、下		撒播	6/上—7/上	1 600~2 000
苋菜	一点红、青苋菜	平地	直播	1 500	上、中、下	/	撒播	6/上—6/下	1 000
芥菜	细叶雪里蕻	平地	直播	1 000	上、中、下		40 000	6/中—7/上	1 500
落葵	大叶木耳菜	平地	直播	6 000	上、		撒播	6/下—8/下	1 200
黄瓜	博新12-1、津春4号、津优1号、宽优M161、宽优MB15	山地	育苗	100	上、中、下	7	1 800~2 200	6/上—7/下	4 000~5 000
西瓜	早生8424	山地	育苗	120	上、中	30	450	7/下—8/下	2 500~3 000
豇豆	夏宝2号、彩蝶2号、农望新杂6号、玉农财神、南海先锋、状元郎	平地	直播	1 500~2 000	上、中、下		3 000	7/中—8/上	1 500
扁豆	本地种、早生扁豆	山地	育苗	500~1 000	上、中、下	30	1 600~1 800	7/中—10/下	2 500
刀豆	蔓生种	平地	穴播	500	上、		2 000	8/中—10/中	750

（续表）

种类	品种名称	种植方式（平地/设施/山地）	播种方式（直播/育苗）	亩用种量（克）	播种期（旬）	苗龄（天）	栽培密度（株/亩）	收获期（月/旬）	产量（千克/亩）
花椰菜	神良系列、瑞雪系列、庆松58天、力禾65天	山地	育苗	20~30	中、下	40	2 500	8/中—9/上	2 000~3 000
油麦菜	科兴特嫩凤尾、港种四季香甜	设施	育苗	150	上、中、下	25	20 000	7/上—8/中	2 000~2 500
鲜食毛豆	辽宝一号、开心绿、绿宝石	平地	直播	5 000~6 000	上、中、下	/	4 500	8/上—9/中	500
番茄	浙粉208、石头28、日本硬粉	山地	育苗	25	上、中	30~35	2 600	8/上—10/中	4 000
茄子	引茄一号、先锋长茄、浙茄3号	山地	育苗	20~30	上、中	30~35	1 800~2 000	7/中—10/下	1 750
萝卜	耐署40大根、短叶13	平地	穴播	1 000	上、中、下		8 000	6/中—7/上	1 500
生姜	本地美	山地	穴播	200 000	上		4 500	10/上—10/下	1 500
葱	小葱	平地	育苗	1 000	上、中、下	40	30 000	7/中—8/上	1 300
芥菜	落汤青	平地	育苗	30~50	中、下	25	4 000~5 000	6/下—7/中	1 500~2 000

表1-6 主要蔬菜瓜果栽培历（6月）

种类	品种名称	种植方式 （平地／设施／山地）	播种方式 （直播／育苗）	亩用种量 （克）	播种期 （旬）	苗龄 （天）	栽培密度 （株／亩）	收获期 （月／旬）	产量 （千克／亩）
白菜	四季青、 三叶白、 早熟8号、 浙白6号、 快菜、 长硬白菜	设施	直播	750~1 000	上、中、下		撒播	7/上~7/下	1 500~2 000
芹菜	黄金芹、 黄心芹、青芹、 津南实芹1号	平地	育苗	300~500	中、下	40~45	32 000	9/中~3/下	2 500~5 000
油麦菜	四季香甜油麦菜	平地	直播	150	上、中、下	25	20 000	7/中~8/上	1 500~2 000
黄瓜	津优4号、 津优1号、 浙秀1号、 亮优M161	山地	营养钵育苗	100	中、下		1 800	7/下	3 500~6 000
四季豆	珍珠架豆 红花白麦	600米以上	直播	2 500~3 000	中、下		3 000	8/上~10/上	2 500
长瓜	浙浦2号、 浙浦6号	山地	直播	200	上、中、下		1 500	8/上~9/下	3 500

（续表）

种类	品种名称	种植方式（平地/设施/山地）	播种方式（直播/育苗）	亩用种量（克）	播种期（旬）	苗龄（天）	栽培密度（株/亩）	收获期（月/旬）	产量（千克/亩）
露地西瓜	美抗9号、浙蜜3号	平地	营养钵育苗	35	中、下	15	500	8/中—9/上	2 000
豇豆	彩螺2号、白沙7号、玉农财神	平地	直播	2 000~2 500	上、中、下		3 000	7/中—7/下	2 100
萝卜	短叶13、白玉夏	平地	直播	1 000~1 500	上、中、下		6 000	8/上—8/下	2 000
早熟花菜	泰国耐热、龙峰、早生60天、庆一系列	平地	育苗	20~30	上、中	30~35	2 500~3 000	10/上—10/下	1 500~2 000
青花菜	绿雄90、优秀、台绿1号	平地	育苗	20~30	中、下	35	2 600	11/中—11/下	1 500~1 800
鲜食玉米	浙甜2018、万甜2000、广甜3号	平地	直播	500~700	中、下	30	3 000	9/上—9/中	1 000
芥菜	落汤青	平地	育苗	30~50	上、中、下	25	4 000~5 000	7/中—8/下	1 500~2 000

表1-7 主要蔬菜瓜果栽培历（7月）

种类	品种名称	种植方式（平地/设施/山地）	播种方式（直播/育苗）	亩用种量（克）	播种期（旬）	苗龄（天）	栽培密度（株/亩）	收获期（月/旬）	产量（千克/亩）
黄瓜	博新12-1、亮优M161、亮优B15、津优4号、津绿519	山地	直播	100	上		1 800~2 000	8/中—9/下	5 000
四季豆	珍珠架豆、红花白秦	山地500米左右	直播	2 000~3 000	上		2 300	8/下—10/上	2 000
芹菜	黄心芹、青芹、玉芹	平地	育苗	500	上、中	50~60		10/下—11/中	3 000
萝卜	短叶13、一点红	平地	直播	1 500	中、下			9中、—10/下	3 000
油麦菜	四季油麦菜	平地	直播	200	中、下			8/—9/上	1 200
莴笋	特耐热二白皮、绿奥神剑、金铭	平地	育苗	30	中、下	30	4 000	9/中—10/上	1 500
白菜	上海青、华冠快菜	平地或设施	直播	750	上、中、下		撒播	8/上中下	1 500~2 000
苋菜	一点红苋菜、青苋菜	平地	直播	1 500	上、中、下	/	撒播	7/下—8/中	1 000

（续表）

种类	品种名称	种植方式（平地/设施/山地）	播种方式（直播/育苗）	亩用种量（克）	播种期（旬）	苗龄（天）	栽培密度（株/亩）	收获期（月/旬）	产量（千克/亩）
大白菜	早熟8号、快菜、新早56	设施	直播	100	下		6 000~7 500	8/下~9/下	2 000~4 000
甘蓝	墨玉、强力50、伯爵油绿、中甘九号	平地	育苗	50	中、下	30	3 000~3 500	10/中~11/上	2 000~2 500
青花菜	青秀蓝	平地	育苗	50	中、下	35	4 000	11/下~2/上	3 000
生菜	美国大速生、意大利生菜	平地	育苗	25	下	30	5 000	10/上~11/中	1 200
中熟花菜	瑞雪特大150-180天、科兴系列、庆-80-120天、合松80-120天	平地	育苗	50	上、中、下	40	2 800	11/下~2/下	2 000~2 200
韭葱	本地种	平地	直播	1 000	上、中		撒播	9/下~10/下	1 500
秋黄瓜	津优1号、津优12、亮优M16-1、喜旺922（24-922）RZ F1杂交种	平地	育苗或直播	300	上、中、下	20~22	1 600~2 000	9/中~10/中	3 000~4 500
秋辣椒	采风1号、吉林鸡爪、特早长尖、辛香2号、辛香26	设施	育苗	50	上、中	30~35	2 000~2 500	9/下~12/下	2 000~3 000

（续表）

种类	品种名称	种植方式（平地/设施/山地）	播种方式（直播/育苗）	亩用种量（克）	播种期（旬）	苗龄（天）	栽培密度（株/亩）	收获期（月/旬）	产量（千克/亩）
辣椒	37-94（螺丝椒）、37-93（羊角椒）	设施	育苗	50	下	30	1 800~2 000	9/下—第二年6/上中	5 000~5 200
秋茄子	引茄1号、杭丰1号、杭茄1号	平地	育苗	50	中	30~35	2 500~3 000	9/下—12/下	2 000~3 000
秋番茄	石头番茄、浙粉202、浙粉702、佳菲亚	设施	育苗	20~30	上、中	30~35	2 000	10/下—12/上	3 000~3 500
秋豇豆	之豇特长80、颐豇一点红、玉农财神、绿领4号、南海先锋、状元郎、农望新杂6号	平地	直播	2 000~2 500	中、下	/	3 500~4 000	9/上—10/中	1 500
鲜食玉米	华珍、浙凤甜2号、金玉甜1号、玉农晶糯、万甜2000、浙甜2018	平地	直播	700~1 500	上、中、下	30	3 000	9/中下	800~1 000
芥菜	落汤青	平地	育苗	30~50	上、中、下	25	4 000~5 000	8/中—9/下	1 500~2 000

表1-8　主要蔬菜瓜果栽培历（8月）

种类	品种名称	种植方式（平地/设施/山地）	播种方式（直播/育苗）	亩用种量（克）	播种期（旬）	苗龄（天）	栽培密度（株/亩）	收获期（月/旬）	产量（千克/亩）
黄瓜	津优12号、津春系列、碧翠18	设施	营养钵育苗	100	上、中	30	2000~2200	9/中	4500
莴苣笋	特耐热品种	平地	育苗	50	上、中、下		3600	10/中—11/上	1300
大白菜	早熟8号、迎春、珍美、青杂3号、浙白8号	平地	直播	200	中、下		3000~3500	10/中—11中	3000~5000
大白菜	早熟5号、丰抗50、丰抗70、小杂56	平地	直播	200	中、下	/	撒播	10/上—11/中	2500~3000
白菜	长便白菜	平地	育苗	150	上、中、下	20	5500~6500	10/下—12/上	2500~5000
青菜	上海青、油冬儿	平地	育苗	200	上、中、下	20	10000~15000	9/中—10/中	1500~2000
菠菜	全能菠菜、日本大叶菠菜	平地	直播	5000~7500	上、中、下	/	撒播	10/上—11中	1500
茼蒿	上海圆叶、台湾大叶	平地	直播	2500	下		撒播	10/上—10/下	1250
芥菜	披叶芥	平地	直播	1000	上、中		15000	10/下—2/上	3000
芥菜	披叶芥、大肉芥菜	平地	育苗	100	下	30	15000	10/下—2/上	3500
叶甜菜	甜菠菜	平地	直播	6500	中		撒播	9/中—9/下	1750

（续表）

种类	品种名称	种植方式（平地/设施/山地）	播种方式（直播/育苗）	亩用种量（克）	播种期（旬）	苗龄（天）	栽培密度（株/亩）	收获期（月/旬）	产量（千克/亩）
甘蓝	春秋青甘蓝	平地	育苗	50	下	40	6 500	12/中—1/下	3 000
根菜	薄皮棒菜	平地	育苗	100	中、下	30	5 000	12/中—1/下	3 000
西芹	美国西芹	平地	育苗	250	下	50	8 000	1/上—1/中	1 000
荞头	本地种	平地	直播	100 000	下		4 500	11/上—2/上	2 000
芹菜	黄心芹、青芹	平地	育苗	200	上、中	50	5 000	11/中、下	3 000
莴笋	特耐热二白皮、永安红高笋	平地	育苗	25	上、中、下	40	4 000	10/下—11/下	2 000
莴笋	金农香莴笋、永安三高笋	平地	育苗	20	下	35	4 000	10/下—11/下	2 000
甜玉米	华珍、浙凤甜2号、金玉甜1号、万甜2000、浙甜2018、玉农晶糯	平地	直播	650	上		3 500	11/中、下	800
生菜	散叶生菜、意大利生菜	平地	育苗	25	中、下	25	6 000	10/中—11/上	1 500
迟熟花菜	瑞雪特大150—180天、科兴系列、庆—松花系列	平地	育苗	50	上、中、下	40	3 000	3/中—4/中	2 000~2 500

（续表）

种类	品种名称	种植方式（平地/设施/山地）	播种方式（直播/育苗）	亩用种量（克）	播种期（旬）	苗龄（天）	栽培密度（株/亩）	收获期（月/旬）	产量（千克/亩）
胡萝卜	黑田五寸胡萝卜、三红七寸人参	平地	直播	1 500有余毛	上、中、下	/	撒播	11/下~2/下	2 000~2 500
秋马铃薯	中薯3号、东农303、兴佳2号	平地	穴播	200 000	中、下	/	7 000	11/中~12/中	1 000
大蒜	四川硬叶红、四川坡叶蒜	平地	直播	120~130	中下		100 000	10/上~2/下	1 200
葱	小葱	平地	育苗	1 000	下	50	40 000	11/下~1/下	1 500
葱	大葱	平地	育苗	500	下	50	20 000	3/下~4/下	3 000
萝卜	短叶13、浙大长、南畔洲	平地	直播	1 000	中、下	/	1 500~2 500	11/中~12/下	5 000
豌豆	中豌四号、浙豌1号	山地	穴播	14 000	下		7 500	10/上~11/上	500
菜薹	四九菜心、红油菜薹	平地	直播	300	上、中、下		撒播	10/下~12/中	1 100
豇豆	秋豇512、农望新杂号、状元郎	平地	直播	1 000	上		3 500	9/中~10/中	1 300
芜菁	温州盘菜	平地	育苗	200	下	30	5 000	11/下~12/下	2 000
芥菜	落汤青	平地	育苗	30~50	上、中、下	25	4 000~5 000	9/中~10/下	1 500~2 000

表1-9　主要蔬菜瓜果栽培历（9月）

种类	品种名称	种植方式（平地/设施/山地）	播种方式（直播/育苗）	亩用种量（克）	播种期（旬）	苗龄（天）	栽培密度（株/亩）	收获期（月/旬）	产量（千克/亩）
青菜	矮抗青、油冬儿、上海青、四季青、苏州青	平地	育苗	150	上、中、下	30	8 000	11/上~11/下	3 500
青菜	乌塌菜	平地	育苗	200	中	30	7 500	12/~1/中	2 000
白菜	长梗白菜	平地	育苗	150	上	20	6 500	11/下~12/中	3 500
菠菜	全能、丹麦快大、日本大叶	平地	直播	7 500	9/上~10/下	/	撒播	10/下~11/上	1 500
黄芽菜	黄芽菜14	平地	直播	150	9/上~9/中	30	6 000	12/下~2/下	2 500~3 000
芥菜	细叶雪里蕻	平地	育苗	100	上、中、下		撒播	10/中~1/下	2 750
茼蒿	上海圆叶、大叶茼蒿	平地	直播	2 500	上、中、下		撒播	10/中~11/上	1 250
芹菜	本地芹、青芹	大棚	育苗	500	中		8 000	1/上、中、下	3 500
大白菜	坡阳青、德阳01、丰抗78、青杂3号	平地	育苗	100	上、中	30	4 000	12/~2/下	3 000
生菜	散叶生菜、意大利生菜	大棚	直播	100	上~11/上		撒播	11/中~1/下	2 000
大蒜	双水早、四川红蒜	平地	直播	100 000	上、中、下			10/下~2/下	4 500
秋豌豆	中豌4号	平地	直播	12 500	中		条播或撒播	11/中~12/上	850

（续表）

种类	品种名称	种植方式（平地/设施/山地）	播种方式（直播/育苗）	亩用种量（克）	播种期（旬）	苗龄（天）	栽培密度（株/亩）	收获期（月/旬）	产量（千克/亩）
萝卜	心里美、南畔洲、浙萝6号、短叶13	平地	直播	150~200	上、中		6 000~8 000	11/上~1/下	3 000~7 000
儿菜	种都儿菜、临江儿菜	平地	育苗	50	上、中	35	2 200	2/中~2/下	4 500
榨菜	桐农4号	平地	育苗	100	下	35	10 000	3/下~4/上	2 500
根菜	薄皮棒菜	平地	育苗	100	上、中、下	30	5 000	1/上~3/下	3 000
莴笋	永安2号、金铭、红太阳	平地	育苗	50	9/上	25~30	4 000	12/上~1/上	4 000~5 000
马铃薯	秋马铃薯	平地	穴播	150 000	上		7 000	11/下~12/下	1 100
洋葱	红皮洋葱	平地	育苗	250	下	50	18 000	5/中~6/上	2 000
芥蓝	白花芥蓝	平地	育苗	150	上、中、下	30	2 500	10/上~12/上	1 800
芫荽	泰国抗热香菜	平地	直播	5 000	上、中、下		撒播	10/下~12/上	900
荷兰芹	欧州种	设施	育苗	20	中	40	15 000	12/下~4/中	3 000
茅菜	江西茅菜	设施	直播	0.75	下		撒播	11/中~2/上	700
豌豆芽	龙须菜（豆苗）	平地	条播	20 000	上、中、下		行距10~15厘米	10/下~11/中	500
金针菜	本土种	山地	分株繁殖		上、中		1 700	6/上~7/下	300（千品）
芥菜	落汤青	平地	育苗	30~50	上、中、下	25	4 000~5 000	10/中~11/下	1 500~2 000

表1-10 主要蔬菜瓜果栽培历（10月）

种类	品种名称	种植方式（平地/设施/山地）	播种方式（直播/育苗）	亩用种量（克）	播种期（旬）	苗龄（天）	栽培密度（株/亩）	收获期（月/旬）	产量（千克/亩）
辣椒	农望长荣、辛香26、采风1号、蕲椒1号、浙椒3号	设施	营养钵育苗	50	中、下	115	1 800~2 200	4/中~7/上	3 000~4 000
番茄	浙杂503、石头系列番茄、钱塘旭日（浙粉702）、日本硬粉、早春红忌、浙粉712	设施	营养钵育苗	30~50	中、下	110	1 800~2 000	4/中~7/上	5 000~6 000
茄子	浙茄3号、引茄1号、杭茄一号、先锋长茄、浙茄1号	设施	营养钵育苗	50	下	110	2 000	5/上~9/中	4 000
青菜	五月慢、四月慢、油冬儿	平地	育苗	150	中、下	35~40	9 000	2/中~4/中	3 000~4 000
甘蓝	京丰1号、秀绿、博春（铁头1号、精选8398）、春丰甘蓝、晚春、中甘九号	平地	育苗	50	中、下	40~45	5 000	5/上~6/中	1 500~2 000
大白菜	黄芽14	平地	育苗	100	上、中	30	4 500	12/下~2/下	2 000

（续表）

种类	品种名称	种植方式（平地/设施/山地）	播种方式（直播/育苗）	亩用种量（克）	播种期（旬）	苗龄（天）	栽培密度（株/亩）	收获期（月/旬）	产量（千克/亩）
莴笋	尖叶莴笋、圆叶莴笋	平地	育苗	50	上、中	40	5 500	3/下～4/中	2 000
菠菜	春秋大叶菠菜、全能菠菜	平地、山地	直播	3 000～5 000	上、中、下		撒播	12/下～1/下	1 500
芥菜	九沃芥	平地、山地	育苗	150	上、中		4 000	4/上～4/中	4 000
榨菜	桐农4号、甬榨1号	平地	育苗	100	上	35	10 000	3/下～4/上	2 500
芜荽	泰国大叶香菜	平地	直播	5 000	上、中、下		撒播	11/下～1/上	1 000
荠菜	江西荠菜	设施	直播	700	下		撒播	11/下～2/上	700
蚕豆	青蚕豆、慈蚕1号、日本大阪	平地	直播	1 500～2 000	下		4 000	4/下～5/中	700
豌豆	白花豌豆、浙豌1号	平地	直播	1 750	下		3 000	4/下～5/中	500
葱	雪葱	平地	直播	1 500	上、中、下		20 000	4/下～5/中	2 500
洋葱	红皮洋葱	平地	育苗	200	上	55	18 000	5/下～6/上	2 000
红花菜	黄花地方品种	平地	根（无性繁殖）		上、中	多年生	1 600～2 000	每年7～8月	干制品30～40
蒿菜	日本进口品种	平地	育苗	1 800～4 000	上、中	30～35	2 500	3/中、下	3 000

表1-11 主要蔬菜瓜果栽培历（11月）

种类	品种名称	种植方式（平地/设施/山地）	播种方式（直播/育苗）	亩用种量（克）	播种期（旬）	苗龄（天）	栽培密度（株/亩）	收获期（月/旬）	产量（千克/亩）
番茄	浙杂503、石头系列番茄、钱塘旭日、浙粉712、日本硬粉、早春红冠	平地	营养钵育苗		上		1 800~2 000	4/下~6/下	4 000~5 000
樱桃番茄	福特斯(72-152)、贝蒂(72-126)、浙樱粉1号	设施	育苗	1 800~2 000 株	中、下	30	1 800~1 900	4/上~6/下	3 500~5 000
辣椒	农望长尖、辛香26、采风1号、薯椒1号、浙椒3号、吉林鸡爪、王子1号	设施	育苗	50	上	100~110	1 800~2 200	5/上~8/下	3 000~4 000

（续表）

种类	品种名称	种植方式（平地/设施/山地）	播种方式（直播/育苗）	亩用种量（克）	播种期（旬）	苗龄（天）	栽培密度（株/亩）	收获期（月/旬）	产量（千克/亩）
茄子	浙茄3号、引茄1号、杭茄一号、先锋长茄、浙茄1号	设施	育苗	50	上	90~100	1 800	5/上~7/下	3 500
青菜	五月慢	平地	育苗	150	下	60~70	15 000	4/中~5/上	3 000
菠菜	春秋大叶菠菜	平地	直播	3 000	上、中		撒播	3/中~4/上	1 500
甘蓝	京丰一号、超级争春、久致甘蓝、春丰甘蓝	平地、山地	育苗	50	上、中	45	6 000	5/下~6/中	1 500
花菜	春大将	平地	育苗	25	上、中、下	100	2 000	5/上~5/中	1 500
春豌豆	中豌4号	平地	直播	7 500	中、下		6 000	5/中、下	800
春莴苣	金能、红太阳、永安2号	平地	育苗	50	上、中	40	4 000	5/上、中	2 000~2 500

表1-12 主要蔬菜瓜果栽培历（12月）

种类	品种名称	种植方式（平地/设施/山地）	播种方式（直播/育苗）	亩用种量（克）	播种期（旬）	苗龄（天）	栽培密度（株/亩）	收获期（月/旬）	产量（千克/亩）
黄瓜	博新5-1、津优41、津优1号、亮优H20、亮优H08、南极冬冠	设施	育苗	100~150	下	45	2 500~3 000	4/下~6/下	3 500~5 000
西葫芦	圆葫1号、早青、翠玉、百盛	设施	育苗	150	中、下	40~45	2 000~2 500	5/上~6/中	2 000~2 500
瓠瓜	匀棒、浙蒲6号、浙蒲9号、越蒲1号	设施	育苗	300	中、下	50	1 000~2 500	4/上~6/中	2 500~4 000
春萝卜	新白玉春、四季小政	设施	育苗	65	中、下	/	9 000	3/上~4/上	2 000~3 500
木耳菜	大叶木耳菜	设施	直播	4 000~5 000	上、中、下	/	/	1/下~3/下	1 500~2 000
菠菜	春秋大叶菠菜	平地	直播	3 000~4 000	上、中、下	/	撒播	3/中~4/下	1 500

第二章　蔬菜 分月栽培 管理要点

zhe xi
shu cai
gua guo
zai pei li

第一节 1月蔬菜栽培管理

"冬至"节气过后，衢州日平均气温均在10℃以下，日照少，常出现风雪和严寒天气。冬季低温既影响蔬菜生长，又降低了蔬菜的抗逆性。经常有强冷空气南下侵袭。为此，要高度重视做好大棚蔬菜、草莓及露地蔬菜的抗寒防冻工作，加强田间管理，减轻灾害天气带来的损失。

一、中耕培土

封冻前，抢晴天进行浅中耕，可控制地下水蒸腾带走热能，又可起到保墒、保温、防寒、保根系的作用，结合中耕，把泥土培于蔬菜根际处，深度以7~10厘米为宜；雨雪天气过后，及时开好"三沟"保证沟沟畅通，以便降低水位，排出积水，提高土温，促进蔬菜生长。

二、合理追肥

采取控氮、施有机肥。苗期适当减少氮肥用量，切忌偏施氮肥，低温前不宜施用速效氮肥，宜喷施1~2次0.2%的磷酸二氢钾溶液等叶面肥或施一次磷钾肥，增强抗寒抗病能力；每亩增施猪牛粪或土杂肥等暖性农家肥1 000~1 500千克；在霜冻前泼浇稀薄粪水，每亩400~500千克，使土壤不易结冻。

三、加强秧苗管理

做好大棚内茄果类、瓜类秧苗的防寒保暖措施，有条件的采用电热丝加温，必要时西甜瓜苗床还要用灯泡进行人工补光增温，以培育壮苗，防止徒长和冻害发生。同时搭建小拱棚、加盖草帘、无纺布等，预防夜间被冻。大棚内严格控制用水，尽量做到少浇或不浇水，防止菜苗沤根。苗床上的覆盖物应"早揭晚盖"让秧苗多见光，出苗后及时间苗，在做好保温防冻的同时还要做好大棚的通风换气，排出棚内二氧化硫、氨气等有害气体，降低棚内湿度。每天至少通风 2~3 小时，在阴雪严寒天气时宜选在中午气温稍高时，在大棚的背风一侧通风。霜冻前给秧苗喷施植物动力 2003 或浓度为 0.30~0.15mg/kg 的天然芸苔素，可增强秧苗的抗寒能力。

四、灾害性气候预防

1. 冻害和寒潮

（1）大棚蔬菜。要备好草帘或无纺布，做好防大冻的准备，竹架大棚需用支撑物加固，以防被大雪压塌，大棚薄膜要扎紧封严，四周用压膜线压紧，注意大棚薄膜被大风刮破，夜间加盖草帘、无纺布等覆盖物，大棚内种植反季节茄果类蔬菜，建成大中小棚相配套的"三棚四膜"结构后，保温效果非常明显。遇大雪天气时，应及时清除大棚顶上和四周的积雪，以增强光照和防止大雪压塌大棚。

发布蓝色预警：及时修补破损大棚薄膜，严密封闭棚膜，防止冷空气进入棚内；进行大棚多层覆盖保温，一般采用"大棚＋中棚＋小棚"或"大棚＋中棚＋中棚"的形式。

发布黄色预警：小棚上增盖草帘或遮阳网、无纺布等保温物；预先备好种子及做好重播育苗准备。

发布橙色和红色预警：大棚增加一层边膜。

（2）露地蔬菜。在霜冻来临前用稻草、秸秆覆盖在田间蔬菜畦面上；或搭小拱棚盖薄膜等方法，或在蔬菜上撒一层薄谷壳灰或草木灰，或在蔬菜行间每亩撒草木灰或火土灰50千克，减少霜冻的危害。

发布蓝色预警：及时做好露地结球类蔬菜防冻或抢收。

发布黄色预警：露地蔬菜及时抢收。

发布橙色和红色预警：抢收露地蔬菜。

2.雪灾

大雪天大棚设施要有专人管护，根据情况及时采取扫雪、铲雪、棚内加温化雪、设支柱加固等措施，清除大棚上的积雪，防止积雪压塌大棚。如大雪过猛，以上措施不能奏效，大棚有倒塌危险时，应及时揭除棚内覆盖物，利用土壤相对较高温度增加棚内气温来化雪。极端恶劣条件下，要根据大棚负载及时采取破膜保大棚架措施，避免大棚倒塌。

在雪灾预警发布后，对可能遭受雪灾危害的区域，及时采取防灾避灾措施。

发布黄色预警：对大棚进行加固，放下大棚膜严闭。

大（中）棚棚架纵向中轴线每隔2~3米用一根毛竹竿等支撑物对棚顶进行支撑加固，提高大棚棚架的抗压性，防止雪压倒棚。

发布橙色预警：放下大棚膜严闭，昼夜安排专人值班，及时清除棚顶积雪。

发布红色预警：放下大棚膜，严闭大棚，在棚顶积雪无法清除时（特别是连栋大棚），危及大棚结构安全情况下，采用破膜保大棚架的特殊应急措施，放弃棚内种植作物，全力保护棚架，尽量降低损失。棚架上有外遮阴设备的，要收起收紧外遮阴设备上的遮阳网，防止雪压毁坏。

五、大棚蔬菜管理

雪后要立即清理沟渠，清除大棚棚顶及四周积雪，排除积水及防止融化时吸收大量热量而降低棚内温度，预防冻害、渍害的发生；及时做好大棚的通风见光降湿、喷药防病、薄施叶面肥等管理措施，恢复植株及秧苗生长势、增强抗性，骤晴天气大棚还应注意及时回帘（遮阳网），防止植株凋萎死亡。雪后越冬蔬菜要及时防止病害的发生。大棚作物应注意蔬菜和瓜类疫病、灰霉病的发生与蔓延。大雪后，对受冻较重的田块，追施适量速效氮肥和磷钾肥，促进植株尽快恢复生长。雪后骤晴天气要注意观察叶片表现，若叶片正常，再逐步增加揭开草帘（遮阳网）数量，直到全部揭开；若发现有萎蔫现象出现，应及时再盖上几条草帘（遮阳网），让作物适应。

六、适时抢收

在寒冷天气来临之前，将成熟或接近成熟且可能被冻坏的莴笋、花菜等蔬菜适时抢收回来，存放在室内，分批上市。如花菜连根拔起，可在室内贮存半月。

七、蔬菜受冻后的补救措施

1. 灌水保温

灌水能增加土地热容量，防止地温下降，有利于气温平稳上升，使受冻组织尽快恢复机能。

2. 通风降温

棚菜受冻后，不能为保温而立即闭棚，只能通风降温使棚内温度缓慢上升，避免骤然升温使受冻组织坏死。

3. 人工喷水

喷水能增加棚内空气的湿度，稳定棚温，并可抑制受冻，阻止水分蒸发，促使组织吸水。

4. 剪除枯枝残叶

及时剪去受冻的茎叶及病叶，以免组织发霉病变，诱发病害，并用杀菌剂进行喷施防病。

5. 设棚遮阴和补施肥料

雪后如发生急性型融雪并伴有冰针雾凇的现象时，应在棚内搭棚遮阴后再消除积雪，以免蔬菜向阳面失水冻焦，寒潮后及时追肥，以利新根生长，增强抗寒能力；用2%的尿素溶液或0.2%的磷酸二氢钾等作叶面肥喷施。

第二节　2月蔬菜栽培管理

1月下旬至2月上旬，一般会出现暴雪、冻雨、低温、寡照等灾害性天气，给蔬菜生产造成严重损失。部分露地蔬菜受冻，无法采摘收获，春夏蔬菜秧苗冻伤冻死比例大，许多简易蔬菜大棚因大雪或冻雨倒塌，春夏蔬菜生产会受到较大影响。因此要切实加强蔬菜生产管理。

一、清沟排水

如遇暴雪、冻雨，水淹后园地土壤板结，容易引起根系缺氧，天晴后及时做好清沟排水，降低土壤湿度，加强作物生长环境的改善治理。在地表土基本干燥时，及时进行中耕除草，扶正植株，摘除残枝病叶。

二、抢收抢播

加强对菠菜、普通白菜、莴苣、小白菜和菜薹等露地蔬菜田间管理，若菜地受淹、蔬菜受损，对尚有上市价值的受灾蔬菜，要及时采收，抓紧上市，减少损失，并做好蔬菜抢播、补播工作。大棚内的蔬菜冻死后，可在灾后抢播一茬普通白菜、小白菜、香菜、生菜、苋菜和萝卜等速生菜，争取在3—4月上市；及时采取快速育苗的方法，培育瓜类、豆类等喜温蔬菜以及西甜瓜秧苗，争取3月中下旬定植。也可在日光温室、大棚里生产豌豆、绿豆、黄豆、萝卜等苗芽菜。

三、大棚蔬菜管理

对倒塌大棚及时进行修复，大棚四周进行清沟排水；大棚内增设小拱棚，晚间多层覆盖防寒保温，白天尽量揭去覆盖物增加光照；阴雨（雪）后的大晴天注意适当遮阴，逐渐增加光照；控制浇水，以免降低地温，增加空气湿度，诱发病害；晴天加大通风，阴天低温日也要适当通风，控湿防病。

四、育苗管理

春夏蔬菜秧苗冻伤冻死的农户，要抓紧重新育苗，并选择瓜类、豆类等喜温蔬菜为宜。大棚育苗要准备好白炽灯、覆盖物等增温保苗生产资料；棚内气温低于 −2℃要注意保温，育苗小棚上加盖塑料膜（草帘、地毯）等2~3层覆盖物保温保苗。

五、及时追肥

对于灾后生长偏弱或出现部分死苗的菜田，应及时查苗补苗，一旦植株恢复后，及时追施速效肥，以施速效氮肥为主，并辅以磷、钾肥或开沟追施有机肥，也可使用0.1%~0.2%的磷酸二氢钾或0.1%尿素或0.30~0.15mg/kg天然芸苔素等进行叶面追肥，提高蔬菜抗性，促进蔬菜恢复生长，每隔7天左右1次，连喷2~3次。植株恢复生长后，天气晴朗的中午，根据蔬菜生长情况追施薄肥促进生长。

六、田间病虫综合治理

灾后虫害相对较轻，病害较重，叶菜类软腐病，瓜类疫病，茄果类早疫病、叶霉病、灰霉病、软腐病等病害容易发生，可选用甲基托布津、速克灵等广谱性药剂防治灰霉病、菌核病、立枯病；选用农用链霉素等药剂防治细菌性病害。为避免棚内湿度过大，可针对性地选用烟剂或粉尘剂防治病虫害，但小棚不宜用烟剂防治病虫害。

第三节　3月蔬菜栽培管理

3月份降水较集中，长时间阴雨连绵天气，田间积水量大，容易导致蔬菜霜霉病、灰霉病、软腐病和疫病等病害的蔓延，在茬蔬菜产量和品质易造成较大影响。为此，针对天气状况，需加强蔬菜田间管理，及时清沟排水和防治病害，减少损失。

一、做好清沟排水

如遇连续下雨，应加强清沟排水，降低地下水位，降低田间湿度，尽量减少蔬菜积水时间，促进蔬菜根系的正常生长。

二、大棚蔬菜管理

在大棚四周进行清沟排水；大棚内有小拱棚的，白天尽量揭去覆盖物增加光照；控制浇水，以免降低地温，增加空气湿度，诱发病害；晴天加大通风，阴天低温日也要适当通风（每日至少2小时），控湿防病。

三、加强田间管理

对在茬的蔬菜，要及时摘除老叶、病叶、病果和病株，并及时清除集中处理；增施磷钾肥，追施人粪尿加尿素等薄肥，以增强生长势，促进根系生长，延缓落市时间；因长期田间积水而早衰的蔬菜地要抢晴天翻耕，松土除草。

四、加强病虫害防治

蔬菜病虫害防治应贯彻"以防为主、综合防治"的方针。

1. 霜霉病

可用72%杜邦克露1 000倍液，或用50%扑海因800~1 000倍液防治。

2. 灰霉病

用50%速克灵1 000倍液，或用50%扑海因800~1 000倍液防治。

3. 疫病

保护性杀菌剂可选用78%科博600~800倍液；治疗性杀菌剂用25%甲霜灵800倍液+65%代森锰锌800倍液防治。

4. 软腐病

用农用硫酸链霉素1 000倍液，或用45%代森铵1 500倍液防治。

第四节　4月蔬菜栽培管理

4月开始气温逐渐回升，常遇短时强降水、强雷电、雷雨大风等强对流天气。另外，有些年份不稳定，会发生倒春寒天气。因此，在做好强对流天气、倒春寒、雨后涝灾的防范工作外，重点是防治田间蔬菜灰霉病、枯萎病、疫病、蚜虫、美洲斑潜蝇等病虫害。

一、倒春寒防控

4月正值春化作物生长重要时期，当上一年冬季和当年春季的气温比往年偏高时，春化作物生育进程明显加快，造成营养生长期缩短，养分积累不足，抗寒、抗病虫害和抗倒能力下降。如遇到短时间内冷空气南下侵袭的寒潮天气，并伴有较明显降水，早晨最低气温达0℃左右时会出现倒春寒。

1. 清沟培土，降低地下水位

渍害是春化作物丰产的主要障碍。要及时清理田内"三沟"和田外渠道，保证沟沟畅通，以便降低水位，排除积水，提高土温，促进蔬菜生长，降低地下水位；抢晴天进行浅中耕，即可起到控制地下水蒸腾带走热能的作用，又可保温、防寒、保根系的作用，结合中耕，把泥土培于蔬菜根际处，深度以7~10厘米为宜。

2. 搭小拱棚，加盖覆盖物

对早播出苗的春马铃薯、春大豆，要在覆盖地膜基础上搭好小拱棚，严防冷风进膜。可在棚内蔬菜上盖一层塑料薄膜，或在大棚边沟、中沟、畦面上覆盖干稻草保温降湿，夜晚密闭棚膜，防止冷空气入棚损伤作物。也可在蔬菜上撒一层薄谷壳灰或草木灰，或在蔬菜行间每亩撒草木灰或火土灰50千克，减少霜冻的危害。

3. 适时抢收，适量追施

对即将成熟或接近成熟但可能被冻坏的莴笋、花菜等蔬菜要及时抢收回来，存放在室内，分批上市（如花菜连根拔起，可在室内贮存半月），避免受冻，保障蔬菜供应。各类作物受冻后，要根据冻害程度和苗情，及时追施适量速效氮肥和钾肥，每亩施尿素和硫酸钾各3~5千克，促进植株尽快恢复生长。

二、加强棚栽蔬菜管理

4月气温回升快，要增加大棚蔬菜白天通风时间，降低棚内湿度，浇水不能过量，天晴时，要及时做好插架、扎蔓、打杈、摘心等工作，以促进植株生长。另外，注意加固大棚薄膜，防止损坏。

三、加强肥水管理

正确合理使用生长调节剂，可适时喷施磷酸二氢钾作根外追肥，合理增施磷钾肥，追施薄肥，以增强生长势，提高植株抗病能力，促进早熟，提高产量。

四、加强病虫害防治

根据田间病虫情况，选用对口药剂进行防治，病害宜在未发病前进行喷药预防，且在发病初期及时防治。虫害宜掌握在低龄幼虫发生高峰期防治。同时还应注意药剂的轮换、交替使用，杜绝在蔬菜上使用甲胺磷等高毒高残留国家禁止使用的农药。

1. **主要病害防治**

（1）农业防治。及时摘除病叶、病果、病株、老叶，并及时清除出大棚，深埋或发酵池中发酵腐烂，收获后彻底清除病株残体，防止病虫害蔓延。在处理土传病害发病中心株时采用剪除不要拔掉，伤口用石灰或草木灰或用农药拌水泥封口。

（2）药剂防治。重点做好茄果类、瓜类等蔬菜的灰霉病、疫病、枯萎病、炭疽病、病毒病、霜霉病及白粉病的预防与防治工作。

灰霉病：用30％克霉灵1 000~1 500倍液或50％速克灵2 000~2 500倍液防治，阴雨天适宜用"一熏灵"等烟熏剂熏蒸防治。

早疫病、霜霉病：保护性杀菌剂可选用78％科博600~800倍液；治疗性杀菌剂可用72％杜邦克露1 000倍液，或用25％甲霜灵800倍液 +65％代森锰锌800倍液，或用50％扑海因800~1 000倍液防治。

枯萎病：用70％甲基托布津1 000倍液，或用40％瓜枯宁可湿性粉剂400~600倍液，或用农抗"120"1 000

倍液在发病初期浇根或喷雾，也可用 25％苯莱特 1 000 倍液防治。

炭疽病：65％代森锰锌 500 倍液，或 68.75％杜邦易保 1 000~1 200 倍液防治。

晚疫病：用 65％代森锰锌 800 倍液＋宝佳丽 2 000 倍液混合喷，也可用瑞毒霉 800 倍液防治。

病毒病：20％病毒 A＋防蚜虫农药＋叶面肥，或 20％病毒灵 500 倍液＋防蚜虫农药＋叶面肥防治。

白粉病：用 15％粉锈宁 1 000 倍液，或用 40％杜邦福星乳油 4 000~6 000 倍液，或用 30％特富灵 1 500 倍液防治。以防为主，要防治得早，喷药要细。

2. 主要虫害防治

主要做好蚜虫、美洲斑潜蝇的防治，红蜘蛛、茶黄螨也会有一定的为害，但程度较轻。

蚜虫：用 10％吡虫啉 2 000~2 500 倍液＋植物油，或用 0.6％阿维菌素 1 500 倍液＋植物油防治。

红蜘蛛、茶黄螨：用 20％哒螨灵可湿性粉剂 3 000 倍液，或用 73％灭螨净乳油 2 000~3 000 倍液，或用 1％阿维菌素 2 500~3 000 倍液防治。

美洲斑潜蝇：用 75％灭蝇胺可湿性粉剂 3 000~5 000 倍液，或用 20％斑潜净微乳油防治。

第五节　5月蔬菜栽培管理

5月份气温上升，雨水增多，病虫害急增。大棚蔬菜（茄果类、瓜类）进入旺收期。因此加强蔬菜田间管理，采取有效措施，有针对性开展病虫防治，对于确保大棚蔬菜的丰收和提高蔬菜品质起关键作用。

一、加强大棚蔬菜田间管理

5月中下旬揭除蔬菜大棚侧膜，保留顶膜。采取避雨栽培方式。5月是蔬菜采收上市旺季，肥水需求量大，可结合浇水，增施速效肥料，但切忌大水漫灌，防止土传病害蔓延。做好清沟排水，保持畅通，防止田间积水。做好植株整理，及时摘除病叶、枝、果，有利于植株通风，集中供应养分，减少病害。

增加大棚蔬菜白天通风时间，降低棚内湿度，浇水不能过量。天晴时，要及时做好插架、扎蔓、打杈、摘心等工作，以促进植株生长。

正确合理使用生长调节剂，可适时喷施皇嘉牌天然芸苔素或磷酸二氢钾等作根外追肥，合理增施磷钾肥，追施薄肥，以增强生长势，延长采摘期，提高植株抗病能力，提高产量。

二、播种换茬

春季气温总体较高的年份，上市期也较早，下市也较早（黄瓜等）。采收结束的蔬菜要及时清理藤蔓、残株。播种一批速生蔬菜如小白菜、苋菜、萝卜菜苗、油麦菜等。既可增加收入，也可丰富市场蔬菜供应。

三、做好防汛准备

进入雨季之前，抢晴天及早开沟排水，降低地下水位，做到深沟高畦、沟渠相通、雨停地干，保证蔬菜根系的正常生长。

四、加强病虫害防治

根据田间病虫情况，选用对口低毒低残留药剂进行防治，病害宜在未发病前进行喷药预防，且在发病初期及时防治。虫害宜掌握在低龄幼虫发生高峰期防治。同时还应注意药剂的轮换，交替使用，杜绝在蔬菜上使用甲胺磷等禁止使用的高毒高残留农药。

1. 农业防治

及时摘除病叶、病果、病株、老叶，及时清除出大棚，深埋或发酵池中发酵腐烂，收获后彻底清除病株残体，防止病虫害蔓延。在处理土传病害发病中心株时宜采用剪除不要拔掉，伤口用石灰或草木灰或用农药拌水泥封口。

2. 药剂防治

（1）主要病害防治。重点做好茄果类、瓜类等蔬菜的灰霉病、疫病、枯萎病、炭疽病、病毒病、霜霉病及白粉病的预防与防治工作。

疫病：可用70%疫病克星可湿性粉剂500倍液、58%瑞毒霉锰锌500倍液等药剂交替使用，喷淋和灌根并举，每5~7天1次，连续2~3次。

黄瓜霜霉病：可采用晴天闭棚进行高温闷棚防治，或用64%杀毒矾500倍液，或用10%科佳2 000倍液，或用58%金雷多米尔600倍液，或用50%安克1 000倍液，或用绿亨霜安800倍液交替防治，5~7天1次，连续2~3次。

黄瓜细菌性角斑病：用77%可杀得可湿性粉剂400倍液，或72%农用链霉素4 000倍液防治。

根腐病：可用根腐灵300~500倍液，或用50%异菌脲可湿性粉剂1 000倍液根茎部喷雾，隔7天喷一次，连续3次。

枯萎病：用70%甲基托布津1 000倍液，或用40%瓜枯宁可湿性粉剂400~600倍液，或用农抗"120"1 000倍液在发病初期浇根或喷雾，或用25%苯莱特1 000倍液防治。

病毒病：首先做好蚜虫、粉虱的防治，及时拔除中心病株，然后可用植病灵1 000~1 500倍液，或用病毒必克500~800倍液，或用病毒A500~700倍液，并可加芸苔素或叶面肥，提高抗病能力，对恢复叶片功能有很大作用。

白粉病：用15%粉锈宁1 000倍液，或用40%杜邦福星乳油4 000~6 000倍液或30%特富灵1 500倍液防治。

（2）主要虫害防治。重点做好蚜虫、美洲斑潜蝇的防治，红蜘蛛、茶黄螨、小地老虎也会有一定的为害，但程度较轻。

蚜虫：可用黄板诱杀或用银灰薄膜避蚜，或用10％吡虫啉可湿性粉剂3 000倍液＋植物油，或用0.6％阿维菌素1 500倍液防治＋植物油防治。

茶黄螨：用克螨灵2 500倍液，或用达克螨2 000倍液，或用1.8％虫螨光3 000~4 000倍液，或用73％灭螨净乳油2 000~3 000倍液，或用1％阿维菌素2 500~3 000倍液喷雾防治。

豆荚螟：可用25％菜喜1 000倍液，或用15％安打1 500倍液防治。注意打花，不打荚。

美洲斑潜蝇：用75％灭蝇胺可湿性粉剂3 000~5 000倍液，或用20％斑潜净微乳油防治。

小地老虎：用3.2％甲维盐·氯氰乳油微3 000~4 000倍液喷雾防治。

（3）注意农药残留。严格按农药安全间隔期采收，减少农药残留，确保食用蔬菜安全。

第六节　6月蔬菜栽培管理

6月中下旬降水较集中，雨量较大，梅雨天气明显，要注意防范短时强降水和雷电等强对流天气的不利影响。田间积水量增大，会导致十字花科蔬菜软腐病，茄果类蔬菜叶霉病、青枯病、疫病、瓜类蔬菜霜霉病、白粉病、炭疽病、枯萎病等蔬菜病害的蔓延，对在茬蔬菜的产量和品质易造成较大影响。

一、加强水分管理

湿度高是诱发病害发生的主要原因，大棚内蔬菜浇水，既要看天，又要看地，还要看蔬菜品种，晴天宜多浇，阴天少浇或不浇，可通过地膜覆盖、通风降湿、清沟排水、深沟高畦等物理防治方法，防止病害发生与蔓延。

如遇连续下雨，应加强清沟排水，降低地下水位，降低田间湿度，尽量减少蔬菜积水时间，促进蔬菜根系的正常生长。

大棚蔬菜可采用避雨栽培，即掀开塑料大棚两边裙膜，保留大棚顶膜覆盖的栽培方式。避雨栽培能避免暴雨直接淋刷和田间积水，防止土壤湿度过大，能有效减少病害的发生，确保蔬菜的高产稳产。有条件可结合使用防虫网，在大棚四周围上防虫隔离网纱，以阻挡有害成虫飞入棚内产卵为害，可做到基本上不用或少用杀虫剂。

二、勤施追肥，防止早衰

茄果类蔬菜正值生长旺季，棚内各类蔬菜要做到及时采收，勤施追肥，适时喷施磷酸二氢钾作根外追肥，合理增施磷钾肥，以利提高植株抗病能力，改善品质，增加产量，防止早衰。

同时要增施磷钾肥，追施薄肥，以增强生长势，促进根系生长，延缓落市时间；对长期田间积水而早衰的蔬菜地要抢晴天翻耕，松土除草，及时抢播小白菜，早熟8号、小杂56等速生蔬菜，满足市场需求。

三、采取农业物理防治技术

及时清理田间和大棚内的杂草，及时摘除老叶、病叶、病果、病株，集中处理，减少病虫来源。推广使用性诱剂诱杀害虫，防虫网覆盖，避雨栽培等物理防治技术。

四、加强病虫害防治

蔬菜病虫害防治应贯彻"以防为主、综合防治"的方针。对病虫害的防治不仅要及时，而且要合理用药，只有选准药剂及用药时期、浓度和方法才能达到较好的防治效果。同时还应注意药剂的交替使用，严禁在蔬菜上使用甲胺磷、氧化乐果、呋喃丹等高毒高残留农药。

1. 主要病害防治

（1）病毒病。用20%病毒A可湿性粉剂500倍液，或20%吗啉胍·乙铜可湿性粉剂800倍液防治，同时，用 0.1％～0.3％磷酸二氢钾进行根外追肥，并结合防治蚜虫、菜黄螨、白粉虱等害虫。

（2）枯萎病。用 25％苯来特，或用 70％甲基布津1 000倍液，或用 50％扑海因 1 000倍液，或用 2.5％适乐时 1 000倍液灌根防治。

（3）疫病：保护性杀菌剂可选用 78％科博 600～800倍液；治疗性杀菌剂用 25％甲霜灵 800倍液 +65％代森锰锌 800倍液防治。

（4）霜霉病。可用 72％杜邦克露 1 000倍液，或用50％扑海因 800～1 000倍液防治。

（5）白粉病。用 15％粉锈宁 1 000倍液，或用 40％杜邦福星乳油 4 000～6 000倍液防治。

（6）炭疽病。用 65％代森锰锌 500倍液，或用 68.75杜邦易保 1 000～1 200倍液防治。

（7）软腐病。用 72％农用链霉素可溶粉剂 3 000倍液灌根，或用 45％代森铵 1 500倍液防治。

（8）叶霉病。用 50％腐霉利可湿性粉剂 2 000倍液，或用 47％加瑞农 800～1 000倍液防治。

（9）绵疫病：用 64％噁霜·锰锌可湿性粉剂 500倍液，或用可杀得 2000型 1 000～1 200倍液。

2．主要害虫防治

（1）潜叶蝇。用 75％灭蝇胺可湿性粉剂 3 000～5 000倍液，或用 5.5％阿维·毒乳油 1 000倍液，或用 20％斑潜净乳油防治。

（2）小菜蛾、菜青虫。用2.5%菜喜悬浮剂1 500~2 000倍液，或用0.6%阿维菌素1 500倍液，或用5%抑太保，或用5%卡死克1 000~1 500倍液，或用5%虫尽1 000倍液防治。

（3）蓟马。用10%吡虫啉可湿性粉剂2 000~2 500倍液，或用1%阿维菌素2 500~3 000倍液防治。

（4）豆荚螟。用10%四氯虫酰胺浮剂750倍液，或用52.5%农地乐乳油1 000~1 500倍液防治。

（5）蚜虫。用10%吡虫啉2 000~2 500倍液＋植物油，或用0.6%阿维菌素1 500倍液防治＋植物油。

（6）红蜘蛛。用20%哒螨灵可湿性粉剂3 000倍液，或用73%灭螨净乳油2 000~3 000倍液，或用1%阿维菌素2 500~3 000倍液防治。

第七节　7月蔬菜栽培管理

　　本月高温，常会遇到 35℃以上的高温或连续几天的阴雨天气，有的年份会出现严重干旱，同时可能遇到短期的台风暴雨。如高温、高湿天气持续的时间较长，就会给蔬菜生长带来诸多不利因素，容易导致蔬菜出现沤根、徒长等不良现象，同时，也为病虫害的浸染和发生创造了条件，因此，要重视防范高温和台风暴雨天气，积极采取对应的田间管理措施，确保蔬菜正常生长。

一、田间蔬菜管理

　　设施蔬菜：设施大棚内的瓜菜基本采收结束，要及时把枯萎植株、烂果、病枝、杂草等清除干净，并利用高温进行棚内消毒杀菌。及时进行翻地与整地，适时播种育苗，做好换茬。育苗遇高温，注意上午 10 时至下午 3 时，苗床采用遮阳网覆盖，防止高温伤苗与徒长。

　　露地蔬菜：除少部分耐热蔬菜瓜果品种，如豇豆、冬瓜、丝瓜、苦瓜等品种外，多数露地蔬菜瓜果品种在 7 月中下旬采收结束，及时清园换茬。

　　山地蔬菜：本月山地蔬菜进入生长旺季，较多山地蔬菜瓜果品种进入采收期，要加强田间管理及时采收上市。

二、病虫害防治

雨后天晴容易发病。选用对口农药及时防治病害，重点防治茄果类蔬菜疫病、青枯病、叶霉病，瓜类蔬菜霜霉病、白粉病、炭疽病、枯萎病，十字花科蔬菜软腐病等蔬菜病害。

（1）选用"杀毒矾＋农用链霉素＋天然芸苔素"，或"金雷＋农用链霉素＋天然芸苔素"喷施1次；然后选用"杀毒矾＋农用链霉素"，或"金雷＋农用链霉素"，每隔5~7天喷1次，连续喷1~2次。

（2）被淹蔬菜注意防治"根腐病"，可选用"根腐灵或甲基托布津＋农用链霉素"浇根防治。

（3）病毒病严重的菜地要结合防治蚜虫和白粉虱，可选用"病毒A＋叶面肥＋吡虫啉喷施防治病毒病、蚜虫（或白粉虱），每隔7~10天喷1次，连续喷施3次。

三、防控台风灾害

1. 抗台措施

（1）棚架加固。一般钢管大棚可抗8级台风，8级以下采用拉链带、铁钩等材料对大棚顶膜、大棚遮阳网、连栋大棚防虫网等进行加固；台风8级以上，建议在台风袭击前及时揭掉大棚顶膜，连栋大棚卷起遮阳网等覆盖材料，以防毁坏大棚设施及覆盖物。在10级以上时一定要揭膜保棚，降低损失。

（2）及时采收。强台风来临前，在蔬菜未受雨淋前，及时抢收已成熟或即将成熟有上市价值的蔬菜作物，尽量降低损失。

（3）清沟排水。注意及时清理被杂物堵塞的渠道，深挖棚间沟，确保排灌渠道通畅，减少渍害发生。

2. 台风过后救灾措施

（1）及早采收。采收尚可收获的蔬菜，把损失降低到最低限度。

（2）及时修复。修补被吹倒吹破的大棚顶膜及覆盖物（遮阳网），达到抗灾避雨保菜的目的。

（3）清沟松土。及时清沟排水，尽量减少蔬菜积水时间，降低地下水位，降低田间湿度，促进蔬菜根系正常生长。水淹后菜地土壤板结，易引起根系缺氧，雨后天晴，没积水时，结合薄施磷钾肥，及时松土；喷施1~2次天然芸苔素等叶面肥，以增强生长势，促进根系生长，延缓落市时间。

（4）及时防病。台风暴雨后，植株损伤大，极易发生病害。应及时加强田间管理，对在茬蔬菜，应及时摘除老叶、病叶、病果、病株，并集中处理。同时，追施叶面肥，选用对口农药尽早防治。

（5）抢播蔬菜。对为害较轻的蔬菜地，结合清沟松土、清洗与扶正植株、护苗保苗促进快速恢复生产。对绝收菜地，抢晴天翻耕，及时抢播小白菜（早熟8号）、苋菜等速生蔬菜，进行生产自救。

第八节　8月蔬菜栽培管理

8月是浙西地区一年中最热的一个月，易发生干旱、高温危害，还有可能遇到短时强降水、强雷电、雷雨大风、甚至冰雹等不利于蔬菜瓜果生长天气。本月除重视田间管理和防范相关灾害工作外，重点是利用"高温＋生石灰"做好土壤杀菌消毒，减轻下一茬蔬菜的发病率。

一、高温对蔬菜的危害

1. 蔬菜脱水死亡

若遇高温无雨或少雨，就会造成土壤干旱和大气干旱（干热风），会造成蔬菜植株叶片卷曲、脱落，蔬菜品质变差、产量下降，甚至枯萎、干死。

2. 易发生生理病害

高温危害蔬菜果实，造成日灼病，又能影响蔬菜幼苗的花芽分化，导致前期落花、落果和畸形果占比升高，使前期产量大大降低。干旱缺水缺钙还易使番茄得脐腐病等。

3. 诱发多种病虫害

高温干旱容易引起病毒病、白粉病、螨害等加重。

4. 抗病能力降低

当气温或地温高于蔬菜植株正常生长的温度范围后，

就会使某些抗病品种的抗病能力降低，加重病害的发生。

5. 出现徒长

特别是茄果类蔬菜和瓜类蔬菜尤为明显。蔬菜作物出现旺长后，蔬菜植株体各器官的抗高温能力降低，更易遭受高温危害，导致高温灼伤细胞组织，加重日灼病的发生。

6. 造成沤根

高温多雨使土壤中的水分长期处于饱和状态，容易使根系处于缺氧状态，造成沤根，为土传性病害的浸染发生创造条件，导致土传病害加重。

二、主要技术措施

1. 合理浇水

合理浇水是缓解高温天气最有效的措施之一，可适当增加浇水次数和每次的浇水量，最好选用喷灌或往叶面喷水，以防叶片脱水；浇水应在傍晚或早晨浇水，不要在中午气温高时浇水。育苗过程中，要注意控制浇水量，浇水做到小水勤浇，见干见湿，防止湿度过大。

2. 及时追肥

根据蔬菜作物的种类和生长阶段，结合浇水，及时追肥，也可叶面喷洒 0.1%~0.2% 磷酸二氢钾溶液，促进蔬菜生长。瓜类蔬菜在管理过程中，要注意控温控湿，严防瓜类蔬菜在高温高湿条件下，出现旺长和导致化瓜。肥料施用时，要注意科学合理施用钾肥，以提高产量。

3. 适时覆盖降温

育苗需要搭棚覆盖遮阳网，遮阳降温防虫。保护地栽培，可在棚膜上覆盖遮阳网。对于露天蔬菜，可铺一层稻草、碎秸秆等覆盖物，以防地温过高。暴露在阳光下的蔬菜瓜果上覆盖些杂草、旧报纸等覆盖物，以防阳光灼伤果实。在降雨集中期，要注意排灌防涝。

4. 土壤杀菌消毒

利用高温优势，密闭大棚杀菌消毒。密闭大棚之前配施每亩 75~100 千克生石灰，然后浇透水后密闭棚 7~10 天，起到较好的土壤杀菌消毒效果，可明显减轻下一茬蔬菜的发病率。

第九节 9月蔬菜栽培管理

本月有白露、秋分两个节气，自9月上旬开始，气温日趋降低，常年平均气温23~25℃，适宜多种秋季蔬菜生长。重点是加强蔬菜虫害防治和秋冬季蔬菜育苗与定植工作。

一、重视虫害防治

近年秋季蔬菜虫害发生较重，蚜虫、烟粉虱、蓟马、斜纹夜蛾和小菜蛾等害虫发生猖獗。菜农要选择高效低毒低残留农药，尽早防治。一般在1~3龄幼虫时防治效果较好，4龄幼虫以后防治效果不好，成虫会飞时防治效果更不好。一般间隔5~7天喷1次，连喷2~3次。

二、物理防治

采取"农业防治为基础，优先采用生物防治，协调利用物理防治，科学合理应用化学防治"的综合防治虫害措施，达到蔬菜优质、高产、高效、无害的目的。配套推广应用性诱剂、色板等诱杀蔬菜害虫技术，以及防虫网隔离技术。尽量采取物理防治技术，做到少打药或不打药。

三、大棚蔬菜管理

高温干旱天气棚内土壤较干燥，重视肥水管理。应及时浇水，保持土壤湿润。最好采用滴灌，若采用沟灌方法要浅灌，以防根系窒息而引起死苗。做到科学通风降温与防雨，尽量卷起棚四周膜通风降温，遇到大风暴雨时，盖好大棚膜，雨后及时卷起棚膜。

四、适时播种定植

适时做好播种定植工作，重点是菠菜、芹菜、生菜、大白菜、大蒜和莴笋等秋冬季蔬菜播种与定植，如萝卜播种期为8月下旬至9月上旬，青大蒜（苗）播种期9月，秋豌豆播种期9月上旬至9月中旬，秋马铃薯播种期9月上旬，露地越冬榨菜、雪里蕻在9月下旬至10月中旬播种育苗。

第十节 10月蔬菜栽培管理

本月有寒露、霜降两个节气，10月下旬气温开始降低较快，常年平均气温 17.4~20.2℃。在做好蔬菜病虫害防治的同时，重点做好翌年早春茄果类蔬菜育苗工作。

一、选择良种

重点做好翌年早春季大棚辣椒、茄子、番茄的播种育苗工作。选择适合当地市场需求，早熟、适应性和抗病性强的优质高产品种。如衢椒1号、农望特长椒和辛香系列等优质辣椒品种，浙茄3号、引茄1号、宜兴紫长茄子、杭茄1号、先锋长茄等优质茄子品种，台湾金玉、台湾黄妃、日本米格－29、澳大利亚石头28和浙粉712等优质番茄品种。

二、适时播种

一般早春季大棚辣（甜）椒、茄子播种期为10月中下旬，番茄播种期为10月中旬至11月上中旬。如采用嫁接育苗，针对不同的嫁接育苗砧木，比接穗提前7~25天播种。另外10月上旬还可继续播榨菜、雪里蕻、莴苣、芹菜；10月中下旬播春甘蓝；10月下旬至11月上旬直播春豌豆、蚕豆等蔬菜品种。

三、培育壮苗

播种前进行种子消毒和催芽处理，培育苗齐、苗壮、无病苗。提倡"穴盘＋基质"或营养土块育苗；如用营养钵育苗，培养土要选用基质或稻田土或未种过茄科作物的园土配制；播种土要细、育苗床面要平；种子稀播、均匀和覆土薄（1厘米以内）；秧苗2叶1心时，及时移栽于营养钵或营养土块中；床地要选择背风向阳、排水良好、土壤疏松、肥沃的地块、深沟高畦；种子宜稀播；出苗后及时疏密苗、弱苗、劣苗和拔除杂草，防止徒长。做好苗期肥水管理和病虫害防治。

四、病虫害防治

10月气温逐渐下降，且温度变化大，10月下旬开始，夜间会出现15℃以下的温度，常出现"寒害"。因此，农民根据天气变化实际情况，在10月下旬前做好大棚盖膜保温工作，防止"寒害"。气温下降、湿度增大，棚内易发生灰霉病、疫病等病害，除做好通风降湿度管理外，注意做好以防为主的病虫害防治，继续做好蚜虫、烟粉虱、蓟马、斜纹夜蛾和红蜘蛛等虫害防治，可选用吡虫啉、阿克泰等农药防治烟粉虱、蓟马；选用虫螨光或克螨特等农药防治红蜘蛛。

第十一节　11月蔬菜栽培管理

11月上旬开始受强冷空气影响，一般会出现明显的降温、降雨、降雪、寡照等灾害性天气，特别在受冷空气和西南暖湿气流影响，部分地区出现短时强降水、强雷电和强雷雨冰雹大风等强对流天气，易造成一些蔬菜大棚倒塌或棚膜破坏，部分露地蔬菜商品性下降，有的蔬菜秧苗冻伤或被打断，如不注意防范会给蔬菜生产造成一定损失。

一、清沟排水

大棚蔬菜湿度较高，易诱发蔬菜苗期猝倒病、立枯病等病害发生。受淹基地土壤板结，容易引起根系缺氧，要及时做好清沟排水，降低土壤湿度，加强蔬菜生长环境改善治理。在地表土基本干燥时，及时进行中耕，扶正植株，清洗叶片，摘除残枝病叶。

二、抢收抢播

加强对菠菜、萝卜、普通白菜、莴苣、菜薹等露地蔬菜田间管理，若菜地受淹、蔬菜受损，对尚有上市价值的受灾蔬菜，要及时采收、抓紧上市，减少损失，并做好春秋蔬菜苗抢播、补播工作。

三、大棚蔬菜管理

对倒塌或棚膜破损的大棚及时进行修复搭建，对棚内没支撑杆、棚外没压膜线的要注意检查加固，以防被风雪压塌刮破；在大棚四周进行清沟排水；大棚蔬菜苗增设小拱棚，晚间多层覆盖防寒保温。大棚内越冬蔬菜需要加温的，可采用"大棚＋中棚＋小拱棚"的3棚4膜或3棚5膜"栽培方式增加温度，白天尽量揭去覆盖物增加光照；阴雨（雪）后的大晴天注意适当遮阴逐渐增加光照；控制浇水，以免降低地温，增加空气湿度，诱发病害；晴天加大通风，阴天低温日也要适当通风，控湿防病。

四、育苗管理

春夏蔬菜秧苗冻伤冻死的农户，要抓紧重新育苗。必要时大棚育苗要增设白炽灯等增温增光保苗；小棚育苗，需覆盖草帘、无纺布、塑料膜等覆盖物，为防止草帘被雨（雪）打湿降低保温效果，在草帘上面加盖塑料膜。

五、及时追肥

对于生长偏弱或出现部分死苗的菜田，应及时查苗补苗，一旦植株恢复后，及时追施速效肥，以施速效氮肥为主，并辅以磷、钾肥或开沟追施有机肥，也可使用0.1％~0.2％的磷酸二氢钾、0.1％尿素、芸苔素等进行叶面追肥，提高蔬菜抗性，促进蔬菜恢复生长，每隔7天1次，连喷2~3次。植株恢复生长后，天气晴朗的中午，根据蔬菜生长情况追施薄肥促进生长。

六、病虫防治

此段时间病虫害相对较轻，但湿度太高也易诱发病害发生，重点防治好软腐病、灰霉病、猝倒病、立枯病、越冬季蔬菜的病毒病，可选用杀毒矾、甲霜灵·锰锌等广谱性药剂防治灰霉病、猝倒病、立枯病；选用农用链霉素等药剂防治细菌性病害。为避免棚内湿度过大，可有针对性地选用烟剂或粉尘剂防治病虫害，但小棚不宜用烟剂防治病虫害。

第十二节　12月蔬菜栽培管理

本月"冬至"节气过后，日平均气温均在10℃以下，日照少，常出现风雪和严寒天气。冬季低温既影响蔬菜生长，又降低了蔬菜的抗逆性，蔬菜的病毒病、立枯病、黑腐病等病害仍有发生为害。因强冷空气南下侵袭，常伴有明显的降雪降水和降温过程。菜农在做好蔬菜病害防治的同时，重点是做好大棚蔬菜、草莓及露地蔬菜的抗寒防冻工作，加强田间管理，减少自然灾害带来的损失。

一、中耕保温防寒

地面板结，白天热气进入耕作层受到限制，土壤贮存热能少，加之板结土壤裂缝大而深，团粒结构差，前半夜易失热，后半夜棚温低，易造成冻害。抢晴天进行浅中耕可起到控制地下水蒸腾带走热能，又可保墒、保温、防寒、保根系的作用。

二、抗寒防冻准备

提前备好草帘、无纺布、塑料膜等覆盖物做好防大冻的准备，竹架大棚需用支撑杆加固，以防被大雪压塌，大棚薄膜要扎紧封严，四周用压膜线压紧，以防薄膜被大风刮破，夜间加盖草帘等覆盖物。种植反季节茄果类蔬菜的大棚内，可在大棚内搭建小拱棚，晚上在小拱棚外或距大棚边杆20厘米处，再搭建一个中棚覆盖一层薄膜，地面垄上覆地膜保墒控湿提温，但不要封严地面，留15~20厘米，使白天土壤贮存的热能，晚上通过没覆盖严的地面向空间慢慢辐射，使早晨5~7时最低温度提高1~2℃，建成大中小棚相配套的"三棚四膜"结构后，保温效果非常明显。露地蔬菜可采用稻草覆盖或搭小拱棚盖薄膜等方法，减少霜冻的危害。

三、及时消除积雪

遇大雪天气时，应及时清除大棚顶上和四周的积雪，以增强光照和防止大雪压塌大棚。雪后如发生急性型融雪并伴有冰针雾凇的现象时，应在棚内搭棚遮阴后再消除积雪，以免蔬菜向阳面失水冻焦，寒潮后及时追肥，促进新根生长，增强抗寒能力。

四、加强育苗管理

抢晴天在大棚茄果类、瓜类秧苗喷施天然芸苔素等叶面肥，以增强秧苗的抗寒能力。大棚内严格控制用水，尽量做到少浇或不浇水，防止菜苗沤根。苗床上的覆盖物应"早揭晚盖"让秧苗多见光，出苗后及时间苗，晚上做好保温防冻工作。在做好保温防冻的同时还要做好大棚的通风换气，每天至少通风2~3小时，在阴雪严寒天气时宜选在中午气温稍高时，在大棚的背风一侧通风，排出有害气体，降低棚内湿度。

五、病虫害防治

主要做好猝倒病、立枯病、病毒病、疫病、灰霉病、软腐病和黑腐病等病害的预防与防治工作。进入冬季后，病虫害发生率会降低，主要做好露地越冬蔬菜中葱蒜类蔬菜的葱斑蝇、葱蝇和蚜虫的防治，并趁严寒季节清除田间及周围杂草，消灭害虫越冬场所。

六、蔬菜受冻后的补救措施

一是灌水保温。灌水能增加土地热容量，防止地温下降，有利于气温平稳上升，使受冻组织尽快恢复。

二是通风降温。棚菜受冻后，不能立即闭棚升温，只能通风降温使棚内温度缓慢上升，避免骤然升温使受冻组织坏死。

三是人工喷水。喷水能增加棚内空气的湿度，稳定棚温，并可抑制受冻蔬菜组织水分蒸发，促使组织吸水。

四是剪除枯枝残叶。及时剪去受冻的茎叶及病叶，以免组织发霉病变，诱发病害发生，并喷施高效低毒低残留杀菌剂预防病害发生。

五是设棚遮阴和补施肥料。

第三章 实施 **百村引智项目** 引进的品种介绍

zhe xi
shu cai
gua guo
zai pei li

第一节 "华冠"青梗菜

一、特征特性

极早生，生育快速，矮脚种；耐暑性，耐病性，耐雨性较强；株型整齐优美，叶柄深绿肥厚；品质柔嫩，适于煮炒。

二、品种来源地和生产性能

品种来源地：日本。该品种引进种植后，农民评价高，露地或大棚栽培，该品种具有抗病、有光泽、商品性好、耐热性好、种植长势强、丰产等优点。

第二节 "米格29"番茄

一、特征特性

杂交一代，无限生长，坐果能力强，叶较稀，耐热性佳，开花整齐，着果力强，果实圆形略扁，颜色亮红，果个均匀一致，单果重 250~300 克，硬度好，耐运输，抗裂性强，抗病能力佳，适合早秋延迟，越夏，早春保护地种植。

二、品种来源地和生产性能

品种来源地：日本。该品种引进种植后，农民评价高，该品种具有抗病、有光泽、耐运输、种植长势强、丰产等优点。

第三节　"博新12-1"黄瓜

一、特征特性

该产品为新培育的油亮型黄瓜新品种，主侧蔓均结瓜，植株长势强，叶片较厚，叶色深绿，回头瓜多，腰瓜长40厘米左右，粗短把，密刺，刺瘤明显，瓜条顺直，心腔细，果肉厚，呈淡绿色，瓜色绿且表皮油亮，商品性佳。

二、栽培要点

（1）根瓜坐住前以控秧促根为主，根瓜开始伸长时进行浇水，根瓜早采。

（2）合理密植，建议露地种植1 800~2 000株/亩。

（3）施足底肥，以腐熟有机肥为主，中后期增施硫酸钾复合肥，可提高产量。

（4）前期注意病害防控。

三、适应性

该品种适应性强、丰产，瓜条性状田间表现稳定。

四、风险提示

（1）该品种为杂交一代，不可留种栽培，种子经种衣剂处理，有效成分咯菌腈，低毒勿食。

（2）种子荫凉干燥处保存，禁止在汽车内存放。

五、品种来源地和生产性能

品种来源地：荷兰。该品种引进种植后，农民评价高，荷兰德瑞特博新 12-1 黄瓜，适宜露地大棚栽培，该品种具有光泽、商品性好、耐热性好、种植长势强、丰产等优点。

第四节　"日本全能"菠菜

一、特征特性

日本全能菠菜，适应性极广，早、中、迟种植均宜，该品种具有抗病高产、耐寒、耐热、晚抽薹，3~28℃均能快速生长旺盛，生长快速、旺盛、高产，株型直立紧凑，种植容易。株型直立高大，叶厚大而浓绿。

二、品种来源地和生产性能

品种来源地：日本。该品种引进种植后，农民评价较高，该品种具有抗病、耐寒和耐热性好、种植长势强、丰产等优点。

第五节 "宜兴紫长"茄子

一、特征特性

植株生长旺盛，株高55厘米，坐果性强，连续坐果能力强，果长35厘米，横径2厘米左右；果实表面光滑靓丽，果型整齐，商品率高；抗病性强，不早衰，直到采收结束，果皮不硬，肉质柔软，果肉无籽核，口感如初；适宜在江苏，浙江，福建北部等地栽培，特别适合保护地栽培。

二、品种来源地和生产性能

品种来源地：日本。该品种引进种植后，农民评价较高，适宜大棚及山地露地栽培，该品种具有抗病、有光泽、商品性好、丰产等优点。

第六节 "美绿56"甘蓝

一、特征特性

早熟圆球甘蓝品种，圆球，艳丽；定植后56天收获。适合春秋两季栽培；抗病性强，对黄萎病等病害抗性强；球形正圆，收获期长，晚裂球。

二、品种来源地和生产性能

品种来源地：日本。该品种引进种植后，农民评价高，该品种为圆球甘蓝品种，外叶大，抗病性强，具有抗病高产、生长旺盛、种植容易等优点。

参考文献

陈汉才，谢大森. 2000. 蔬菜高产栽培技术问答 [M]. 广州：广东科技出版社.

何润云等. 2015. 南方蔬菜瓜果栽培实用技术 [M]. 北京：中国农业科学技术出版社.

何圣米. 2000. 高山蔬菜栽培技术 [M]. 杭州：浙江科学技术出版社.

农业部农民科技教育培训中心. 2012. 设施蔬菜栽培与病虫害防治技术 [M]. 北京：中国农业出版社.

农业部农民科技教育培训中心. 2013. 蔬菜生产技术 [M]. 北京：中国农业出版社.

徐顺宝，方志兆. 2000. 菜农手册蔬菜栽培农事历 [M]. 杭州：浙江科学技术出版社.

赵建阳，杨新琴. 2008. 蔬菜标准化生产技术 [M]. 杭州：浙江科学技术出版社.

浙江省农业厅. 2012. 蔬菜生产知识读本 [M]. 杭州：浙江科学技术出版社.